量子的不确定性：量子物理 5

[加拿大] 克里斯·费里　著 / 绘　　那彬　译

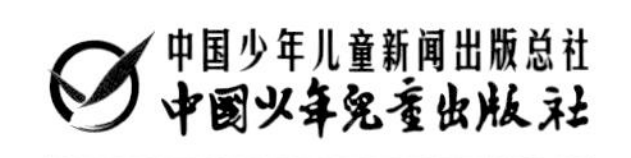

北　京

ALBUQUE
HERE COMES TROUBLE

作者简介

克里斯·费里，加拿大人。80后，毕业于加拿大名校滑铁卢大学，取得数学物理学博士学位，研究方向为量子物理专业。读书期间，克里斯就在滑铁卢大学纳米技术研究所工作，毕业后先后在美国新墨西哥大学、澳大利亚悉尼大学和悉尼科技大学任教。至今，克里斯已经发表多篇有影响力的权威学术论文，多次代表所在学校参加国际学术会议并发表演讲，是当前越来越受人关注的量子物理学领域冉冉升起的学术新星。

同时，克里斯还是4个孩子的父亲，也是一名非常成功的少儿科普作家。2015年12月，一张Facebook（脸书）上的照片将克里斯·费里推向全球公众的视野。照片上，Facebook（脸书）创始人扎克伯格和妻子一起给刚出生没多久的女儿阅读克里斯·费里的一本物理绘本。这张照片共收获了全球上百万的赞，几万条留言和几万次的分享。这让克里斯·费里的书以及他自己都受到了前所未有的关注。

扎克伯格给女儿阅读的物理书，只是作者克里斯·费里的试水之作。2018年，克里斯·费里开始专门为中国小朋友做物理科普。他与中国少年儿童新闻出版总社全面合作，为中国小朋友创作一套学习物理知识的绘本“红袋鼠物理千千问”系列。

红袋鼠说：“我的球如果弹回来，即便我看不见前面的东西，我也知道那里有东西才能把我的球弹回来。科学家也是这样测试物体位置的吗，克里斯博士？”

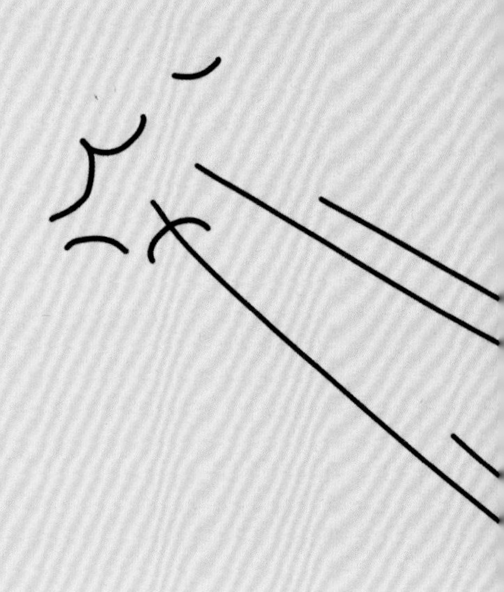

克里斯博士说：“你说对了。要想知道东西在哪里，我们常常扔过去一个小东西试探，看看这个东西会不会把我们投过去的小东西拦住或弹回来。光也是这样。你看见我，实际上是看见了从我身上反射出来的光。”

克里斯博士说：“光是由叫作**光子**的粒子组成的。这些光子从我身上弹开，进入你的眼睛。所以你就知道我在这里了。”

红袋鼠说：“哎呀！被光子打到会疼吗？”

克里斯博士说：“哈哈！不会的，我很大，而光子非常非常小。”

克里斯博士问：“你能想到有什么东西是你想找但又特别小的呢？”

红袋鼠说：“我要找一种属于量子世界的东西：原子！”

克里斯博士说：“原子非常非常小。如果我们想用光子去找原子，你觉得会发生什么呢？”

Dr.F

红袋鼠想了想，说：“嗯……我们能看见光子反弹，然后找到原子吗？”

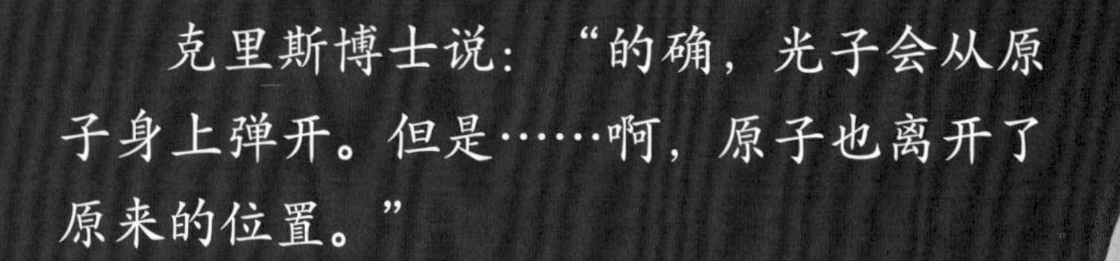

克里斯博士说：“的确，光子会从原子身上弹开。但是……啊，原子也离开了原来的位置。”

原位

克里斯博士继续说：“光子很小，但原子也不大。”

红袋鼠说说：“所以原子真的会感觉被光子打到了！”

砰！

克里斯博士说：“用光子打原子就像是用篮球来猛烈地打我。我会被打得站不稳，离开原地。哎哟！”

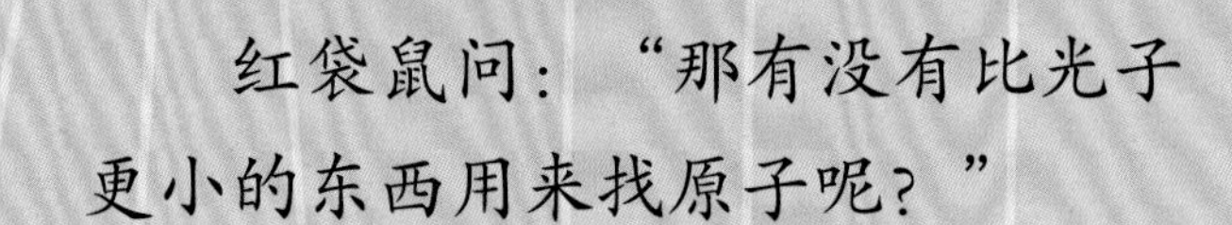

红袋鼠问：“那有没有比光子更小的东西用来找原子呢？”

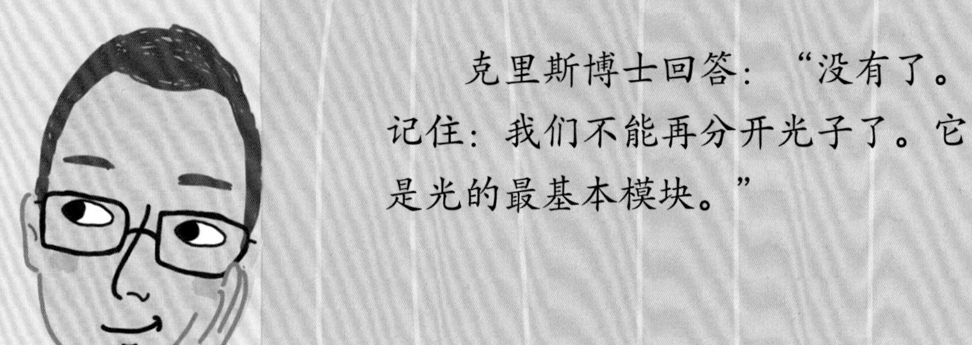

克里斯博士回答：“没有了。记住：我们不能再分开光子了。它是光的最基本模块。”

红袋鼠说：“这样的话，我们就找不到原子了吗？”

克里斯博士说："对！我们找到一个原子的时候，它已经离开原来的位置了（被光子打跑了）。这叫作**量子不确定性。**"

克里斯博士接着说：“但这也不完全是坏事。起码说明你是这个世界的一部分。你找原子，原子就会动，你的举动可以影响世界！”

红袋鼠说：“克里斯博士，一开始我觉得不确定性很吓人，但知道我能让世界改变之后，就觉得自己变强大了！”

Dr.F

版权合作方：澳大利亚米酷传媒

图书在版编目（CIP）数据

量子物理. 5，量子的不确定性 /（加）克里斯·费里著绘；那彬译. — 北京：中国少年儿童出版社，2018.6（2018.7 重印）
（红袋鼠物理千千问）
ISBN 978-7-5148-4696-6

Ⅰ. ①量… Ⅱ. ①克… ②那… Ⅲ. ①量子论－儿童读物 Ⅳ. ①O413-49

中国版本图书馆CIP数据核字（2018）第088449号

审读专家：高淑梅 江南大学理学院教授，中心实验室主任

HONGDAISHU WULI QIANQIANWEN
LIANGZI DE BUQUEDINGXING LIANGZI WULI 5

出版发行：中国少年儿童新闻出版总社 中国少年兒童出版社

出 版 人：李学谦
执行出版人：张晓楠

策　　划：张　楠　　审　　读：林　栋　聂　冰
责任编辑：薛晓哲　徐懿如　　封面设计：马　欣
美术编辑：姜　楠　　美术助理：杨　璇
责任印务：任钦丽　　责任校对：颜　轩

社　　址：北京市朝阳区建国门外大街丙12号　邮政编码：100022
总 编 室：010-57526071　传　　真：010-57526075
客 服 部：010-59344289
网　　址：www.ccppg.cn　电子邮箱：zbs@ccppg.com.cn

印　　刷：北京尚唐印刷包装有限公司

开本：787mm×1092mm　1/20　印张：2
2018年6月北京第1版　2018年7月北京第2次印刷
字数：25千字　印数：10001-15000册

ISBN 978-7-5148-4696-6　定价：25.00元